漫话持久性有机污染物

李红霞 张志 主编

黄河水利出版社

·郑州·

图书在版编目（CIP）数据

漫话持久性有机污染物 / 李红霞，张志主编. — 郑州：
黄河水利出版社，2019.6
ISBN 978－7－5509－2423－9

Ⅰ.①漫…　Ⅱ.①李…　②张…　Ⅲ.①持久性‐有
机污染物‐基本知识　Ⅳ.①X5

中国版本图书馆 CIP 数据核字（2019）第126432号

出　版　社：黄河水利出版社　　　　　　　　　网址：www.yrcp.com
　　　　　　地址：河南省郑州市顺河路黄委会综合楼14层　邮编：450003
发行单位：黄河水利出版社
　　　　　　发行部电话：0371-66026940、66020550、66028024、66022620（传真）
　　　　　　E-mail：hhslcbs@126.com
承印单位：河南瑞之光印刷股份有限公司
开本：890 mm×1 240 mm　1 / 32
印张：2.375
字数：60 千字　　　　　　　　　印数：1—4 000
版次：2019 年 6 月第 1 版　　　　印次：2019 年 6 月第 1 次印刷

定价：24.00 元

前　言

人类合成化学品在给人类生产生活带来极大方便的同时，也带来了影响生态环境或人类健康的不确定性风险。有关资料报道，全球化学品的销售量正在以每年 3% 左右的数量增加，这些化学品中，有一类有机物具有化学稳定性强、可远距离迁移、可生物蓄积和高生物毒性等特征，被定义为持久性有机污染物，即 POPs，已成为一类备受关注的全球性环境问题。

2001 年，中国加入《斯德哥尔摩公约》，作为首批缔约国，中国政府高度重视 POPs 问题，经过十几年的努力，我国对首批 12 种受控 POPs 的淘汰、减排、销毁等方面成绩显著，对新增列的 POPs 也修订了法律法规。中国的履约工作得到国际社会的广泛认同和称赞。但 POPs 问题的解决，需要国际合作，需要国家重视，需要科技支撑，需要全社会参与。

为更好地让公众了解和关注 POPs，积极参与和投身 POPs 防治行动，河南省环境保护宣传教育中心组织编写了《漫话持久性有机污染物》一书。本书针对 POPs 及《斯德哥尔摩公约》，结合小知识，尽可能将有关 POPs 的问题精准呈现并阐述清楚。

本书的出版得到了全球环境基金"中国制浆造纸行业二噁英

減排项目"子项目"河南省 BAT/BEP 推广及公众意识提升活动"的支持，相信本书能为提高公众参与 POPs 提供借鉴。

由于编者水平有限、时间仓促，书中难免会出现疏漏或错误之处，望广大读者批评指正。

编 著

2019 年 5 月

目 录

漫话持久性有机污染物

第一章　POPs基础

1.什么是POPs?

POPs（Persistent Organic Pollutants），中文名称为持久性有机污染物，是一类具有环境持久性、生物蓄积性、高生物毒性，可通过各类环境介质（大气、水、土壤等）以及生物进行远距离迁移的有机化合物。

小知识：物质的分类

物质可分为纯净物和混合物，例如空气是氮气、氧气、二氧化碳等组成的混合气体，空气被分离提纯后可得到纯净物。纯净物又可分为单质和化合物，例如氮气、氧气是单质，二氧化碳为化合物。化合物可分为无机化合物（简称无机物）和有机化合物（简称有机物），例如水就是无机物，葡萄糖是有机物。根据沸点和饱和蒸气压的不同，常温下饱和蒸汽压大于70 Pa、常压下沸点在260 ℃以下的有机化合物，或在20 ℃条件下，蒸汽压大于或者等于10 Pa且可发生挥发现象的全部有机化合物，称为挥发性有机物（Volatile Organic Compounds，VOCs），例如花朵散发出来的香味。POPs沸点一般在170~350℃，常常被界定为半挥发性有机物（Semi-Volatile Organic Compounds，SVOCs）。

2.POPs问题是如何引起关注的？

20世纪30年代以来，人工化学品急剧增长，40年代起DDT❶（POPs的一种）等有机氯类杀虫剂开始被生产和使用，到50年代时这些有机氯类杀虫剂已被广泛应用。在粮食增产的同时，这些杀虫剂也广泛进入生物圈中。1962年，美国生物学家蕾切尔·卡森（Rachel Carson）发表了《寂静的春天》（Silent Spring）一书，书中利用生态学原理科普了滥用杀虫剂对人类赖以生存的生态系统带来的危害。这本书的出版成为人类生态环境保护意识觉醒的标志。同期及随后的很长一段时间，科研人员在南极和北极生物体内开始检测到DDT、PCBs等。目前POPs污染已遍及全球，严重威胁着人类健康和生态环境，成为重大的全球性环境问题之一。

❶ DDT中文名称为滴滴涕，是一种有机氯农药，属于《斯德哥尔摩公约》受控POPs。受控POPs在附录1中列出。

小知识：什么是生态系统？

生态系统是生物与其生存环境构成的统一整体。生态系统可分为自然生态系统和人工生态系统。例如，森林生态系统、海洋生态系统属于自然生态系统，农田、城市生态系统属于人工生态系统。生物圈是地球上最大的生态系统。

小知识：什么是源和汇？

"源"指的是源头，开始的地方；"汇"指的是收集、集聚的地方。污染物的源和汇分别指污染物产生和污染汇集的地方。

3

3.POPs具有哪些特性？

POPs 是一类半挥发性有机物；水溶性较低，脂溶性高；在环境中降解缓慢、滞留时间长；可通过生物放大和食物链的输送作用对动物和人体健康构成直接威胁；可通过大气、水的输送而影响区域和全球环境。它们的具体特性包括环境持久性、生物蓄积性、远距离迁移性和高生物毒性。

（1）环境持久性（persistent）：

POPs 的化学结构非常稳定，对光解、化学分解、生物降解作用有较高的抵抗能力，一旦被排放到常态环境中，很难被分解，并将在水体、土壤和底泥等环境介质以及生物体内长期残留，时间可长达几年甚至几十年。

小知识：POPs的消除大概需要多久？

一种化学物质的环境持久性可以用其在环境介质中的半衰期表示。半衰期是一个物理学名词，指物质浓度降低一半所需的时间。有研究对土壤样品的多氯萘进行检测并利用半衰期模型进行计算，结果表明，三氯萘在土壤中的半衰期约 7.4 年，四氯萘约 13.1 年，五氯萘约 35.3 年。

（2）生物蓄积性（bio-accumulative）：

生物蓄积也称生物富集或生物积累，它的基本机制是有机化合物在脂肪／水体系中的分配过程。由于 POPs 具有低水溶性、高脂溶性特点，导致 POPs 从环境介质中蓄积到生物体内，并通过食物链的生物放大作用达到中毒浓度。

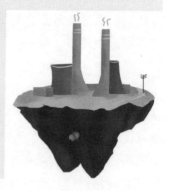

小知识：食物链是什么？

食物链是生态学名词。通俗地讲，各种生物通过一系列吃与被吃的关系彼此联系起来的序列，统称为食物链。

小知识：生物浓缩、生物放大和生物蓄积的区别

生物浓缩指生物体通过呼吸系统和表皮接触从环境介质中吸收并积累外源物质的现象。生物放大指生物通过取食过程，造成生物体内的外源化合物浓度高于食物中化合物浓度的现象。生物蓄积过程包括了生物浓缩和生物放大过程，是二者综合作用的结果。

小知识：相似相溶现象

相似相溶现象是一种化学溶解现象。如果溶质与溶剂在化学结构上"相似"，那么溶质与溶剂彼此"相溶"。也就是极性溶剂（如水、乙醇）易溶解极性物质（离子晶体、分子晶体中的极性物质如强酸等）；非极性溶剂（如苯、汽油、四氯化碳等）能溶解非极性物质（大多数有机物、碘单质等）。

（3）远距离迁移性：

远距离迁移是从土壤、植物和水体中挥发到大气中的 POPs

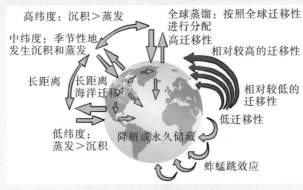

POPs 的全球迁移过程

随大气运动迁移至远离使用或排放该物质地区的现象。大多数 POPs 具有半挥发性，能够从土壤等介质中挥发至大气环境中，并以蒸气或吸附在大气颗粒物上的形式存在于空气中，随大气运动进行迁移，并在较冷的地方重新沉降到地表；温度再次升高时，会再次进行挥发迁移。这种传输机制被称为"全球蒸馏效应"。

小知识：什么是蒸馏？

蒸馏是一种物理分离物质的化工过程，它是利用混合液体或液 – 固体系中各组分沸点的不同，使低沸点组分蒸发，再冷凝以分离混合组分的过程，是蒸发和冷凝两种单元操作的联合。

小知识：POPs 致癌性是如何分类的？

根据国际癌症研究机构发布的部分 POPs 致癌性级别，致癌性被分为三个等级，具体见表 1。

表 1　POPs 致癌性等级

致癌性分类	POPs 种类
Ⅰ类：人体致癌物	2, 3, 7, 8-TCDD
Ⅱ A 类：较大可能的人体致癌物	PCBs
Ⅱ B 类：有可能的人体致癌物	氯丹、DDT、七氯、六氯苯、灭蚁灵、毒杀芬
Ⅲ类：对人体致癌作用尚不清楚	艾氏剂、狄氏剂、异狄氏剂、PCDDs（除 2, 3, 7, 8-TCDD 以外）、PCDF

（4）高生物毒性（bio-toxic）

国际化学品危害划分中，生物毒性被列为健康危害和环境危害。环境暴露是化学品产生有害效应的前提条件。环境介质中的

POPs可经过饮食摄入、呼吸摄入和皮肤接触等途径进入人体，其中饮食摄入是最主要的暴露途径。POPs暴露的健康危害包括内分泌系统失调、免疫机能降低、神经损伤、行为异常，以及"三致"（致癌、致畸、致突变）效应等慢性毒性效应。

小知识：POPs的人体暴露途径有哪些？

所谓暴露，是特定受体（如生物体）与环境中有害因素的接触过程。人体可通过摄取水和食物、呼吸空气及空气中的颗粒物和皮肤沾染等三种途径。这三种途径分别称为消化道暴露、呼吸道暴露和皮肤接触暴露。

4.POPs与PTS、PBTs的区别是什么？

PTS（ Persistent Toxic Substance ），中文名称为持久性有毒物质，它强调了持久性和毒性，但未强调生物蓄积性和远距离迁移性，需要注意的是，它还包括无机物。

PBTs（ Persistent Bio-accumulative Toxic Pollutants ），即具有持久性、生物累积性的有毒物质，它是具有生物蓄积性的PTS。

POPs是具有PBTs特性并能远距离迁移的有机污染物。

小知识：毒性是怎么衡量的？

对于物质的生物毒性，受毒性物质浓度和毒性强度共同影响。由于2，3，7，8-四氯代二苯并-对-二噁英毒性极强，将其毒性当量因子（TEF）定义为1，其他物质的毒性与之比较，对应的TEF可用于衡量不同物质的毒性强度。某物质的毒性当量（TEQ）为该物质的实测质量浓度与其TEF的乘积。

5.POPs的危害有哪些？

高生物毒性是 POPs 的主要特性之一，对人体健康危害和环境危害主要体现在对生长发育的影响、对神经免疫系统的影响、对生殖系统的影响和对遗传的影响。

（1）对生长发育的影响

POPs 会影响人的生长发育，尤其是影响婴幼儿的智力发育。

曾有研究跟踪 200 对母子，有 3/4 的母亲在怀孕期食用了有机氯污染的鱼类，结果发现这些孩子出生时体重相对较轻，7 个月时认知能力相对缓慢，4 岁时记忆能力相对其他孩子较差。这种影响可能还包括骨骼发育障碍和新陈代谢紊乱。这些不利影响最终将伴随他们的整个人生。

（2）对神经免疫系统的影响

POPs 可对神经系统产生危害，例如降低注意力和感知力，造成焦虑、抑郁、易怒等，同时免疫系统受到抑制，包括抑制免疫系统正常反应、降低生物体对病毒的抵抗能力、影响免疫细胞的活性。通过对加拿大爱斯基摩人母乳喂养和奶粉喂养婴儿的对比研究发现，健康 T 细胞与受感染 T 细胞比率和母乳喂养时间及母乳中有机氯的含量有关。

（3）对生殖系统和遗传的影响

POPs 对生殖系统的危害包括导致男性性器官重量下降、精子数量降低、生殖功能异常，新生儿性别比例失调，女性乳腺癌、青春期提前、雌性个体雄性化等，不仅对个体产生危害，而且对其后代造成永久性的影响，包括致畸和致突变。

小知识：什么是环境内分泌干扰物？

根据世界卫生组织（World Health Organization，WHO）的定义，环境内分泌干扰物（Endocrine Disrupting Chemicals，EDCs）是指能够改变机体内分泌功能，并对生物体、后代或种群产生不良影响的外源性物质或混合物。

小知识： 为什么说POPs可能影响几代人？

由于 POPs 所具有的亲脂肪性，其进入人体后易蓄积在脂肪组织中，其化学持久性导致其代谢速度很慢，不易被分解或者排出体外。摄入母体并长期存在的 POPs，当母体怀孕时，POPs 会通过胎盘直接传输给后代。婴儿出生后，母乳喂养时也会发生POPs 传输。正是通过这种过程，POPs 发生代际传输。

6.POPs污染的典型案例有哪些？

越南战争"橙剂事件"

越南战争（1955~1975 年）期间，在 1961~1971 年，美军在越南播撒几千万升"橙剂"。"橙剂"是一种含有微量二噁英类的有机氯农药。战争结束后，很多亲身经历越南战争的美国老兵莫名其妙地得病，后来也都出现不同程度的生理缺陷，包括面部开裂、神经管异常等。越南遭受"橙剂"毒害更为惨不忍睹。有统计显示，在越南战争南部地区服役的士兵，下一代出生缺陷率高达 30%。大量的流行病学调查发现，曾参与播撒"橙剂"的老兵后续生活中，在遗传方面较其他老兵有很大障碍。2004 年，越

南"橙剂"受害者首次对生产橙剂的几十家美国化学品公司提起集体诉讼,指控这些公司在 1962~1971 年间供应落叶剂给在越南作战的美军、对大约 400 万越南公民犯下战争罪行,要求橙剂制造商赔偿数十亿美元损失,并负责消除橙剂所造成的环境污染。但 2005 年 3 月,美国联邦法院法官驳回了越南"橙剂"受害者的诉讼请求。

日本"米糠油事件"

1968 年 3 月,日本的九州、四国等地区的几十万只鸡突然死亡,检验鸡饲料发现有毒后,事件未引起足够重视和进一步追究。后经跟踪调查,研究人员发现九州某家粮食加工公司食用油工厂,为了追求利润,生产米糠油时,在脱臭过程中使用了多氯联苯(PCBs)液体作导热油。随后 PCBs 被混进米糠油中。污染的米糠油被销往全国各地,生产米糠油的副产品又被家禽养殖场购买,家禽因此大量死亡。随着有患者被确诊"氯痤疮"后,日本各地患者不断增多,截至 1978 年 12 月,包括东京、大阪等地累计确诊患者 1 684 名,其中死亡 30 余人。1979 年,台湾也发生了类似悲剧,为防止"毒油"流入百姓餐桌,台湾的环保部门对废油的产生、使用、回收再利用进行了强制登记管理。

比利时"二噁英鸡污染事件"

1999 年 2 月,比利时养鸡从业者发现鸡场的蛋鸡产蛋率下降、肉鸡出现病态现象，怀疑饲料存在问题。初步调查发现，荷兰3家饲料供应商将含有二噁英类的脂肪供应给比利时的一家饲料厂，该饲料厂将含二噁英类的脂肪掺入饲料中出售。后续检测发现，饲料中二噁英类超标200倍左右，而鸡体内二噁英类含量超标上千倍。这些饲料被送往比利时数百家养鸡厂和养猪场。随后比利时政府宣布停售并收回已制造的蛋禽食品，屠宰业暂停屠宰生产，等待可疑甄别。比利时政府因此被欧盟指责"拖延处理"，导致该国的蛋禽食品被欧盟禁售，随后比利时及欧洲的肉制品被美国、韩国等国家采取暂停进口或禁售措施。据统计测算，该事件可能造成比利时直接经济损失3.55亿欧元，间接经济损失超过10亿欧元，长远出口影响可能超过200亿欧元。

"财利船厂二噁英"污染事件

2001年，为配合香港迪士尼乐园建设基础市政设施，中国香港政府和香港财利船厂达成搬迁协议。在进行环境评估时发现，该厂区东南地块上发现了异常浓度的二噁英，受污染土地约3万 m^3。香港土木工程署决定采用有机物热脱附、利用可燃吸附剂再吸附、废物焚化等三步处理。处理过程中，共产生了约100 t含有二噁英的固体残渣。监测数据表明，香港青衣化学废物处理中心焚化炉二噁英排放水平较排放标准低10倍以上。2005年10月，首批约1/5的二噁英残渣进行了焚烧。据测算，仅热脱附一项，处理费用较原估算清理费用高出近10倍。

小知识："八大环境公害事件"是什么？

20世纪30~70年代，现代工业兴起和发展过程中，各类环境污染物排放量不断增加，但环境管理缺失，造成重大的环境污染和人类健康伤亡事件，有8起公害事件震惊世界（具体见表2）。

表 2 世界上"八大环境公害事件"

序号	事件	发生国家	发生时间	具体情况
1	马斯河谷烟雾事件	比利时	1930 年 12 月	20 世纪 30 年代,马斯河谷地区是一个狭窄的盆地,又是一个重要的工业区,建有炼油厂、金属冶炼厂、玻璃厂、还有发电厂、硫酸厂、化肥厂和石灰窑炉。由于冬季逆温现象,工厂排出的有害气体在近地层积累,无法扩散,二氧化硫等有害气体浓度急剧升高。这次事件导致 60 余人死亡,数千人患病
2	多诺拉镇烟雾事件	美国	1948 年 10 月	多诺拉镇处于山谷区域,又是硫酸厂、钢铁厂、炼锌厂的集中地带。冬季逆温造成地面污染物积累。这次事件造成全城约 6 000 人患病,20 余人死亡
3	伦敦烟雾事件	英国	1952 年 12 月	伦敦受冬季冷天气影响,静稳天气发生。大量工厂生产和居民燃煤取暖排出的废气积聚在城市上空,难以扩散。这场"硫酸烟雾"致死人数多达 4 000 人
4	洛杉矶光化学烟雾事件	美国	20 世纪 40~60 年代	洛杉矶三面环山,易受逆温等气象条件影响。20 世纪 40 年代,洛杉矶就已拥有百万辆汽车,这些发动机排放大量碳氢化合物和氮氧化物,这些化合物在阳光紫外线照射下,产生光化学反应。这些烟雾被称为"光化学烟雾"。大量居民出现眼睛红肿、流泪、喉痛等症状,死亡率大大增加

续表 2

序号	事件	发生国家	发生时间	具体情况
5	水俣病事件	日本	20 世纪 50~70 年代	日本熊本县水俣湾含甲基汞的工业废水造成水体污染，水中鱼类中毒，人类食用鱼后发病。20 年间，不完全统计共死亡 50 余人，283 人严重受害受害而致残
6	富山痛痛病事件	日本	20 世纪 50~70 年代	痛痛病是在日本富山县神通川流域上游河岸的锌、铅冶炼厂等排放的含镉废水污染了水体，使稻米含镉，长期饮水及食用含镉稻米致使镉在人体内蓄积而中毒致病。痛痛病在当地流行 20 多年，造成 200 多人死亡
7	四日市哮喘病事件	日本	20 世纪 60~70 年代	四日市石油冶炼和工业燃油（高硫重油）产生大量废气，整座城市终年黄烟弥漫。大气中二氧化硫浓度严重超标，重金属粉尘也附着在烟尘上，人长期暴露于有害气体当中，到群吸呼系统长期暴露于有害气体当中。据日本官方统计，到 1972 年，日本患四日市哮喘病的患者达 6 000 多人
8	米糠油事件	日本	1968 年	日本九州某家粮食加工食用油工厂生产米糠油过程中将 PCBs 混入米糠油中，食用后致人中毒，副产品用于饲料加工，最终造成几十万只鸡死亡。该事件当年共造成 5 000 余人患病，16 人死亡

7.POPs 的来源有哪些？

POPs 的来源主要有三类：火山喷发、森林大火等自然界过程；工业品的人工生产和使用过程，例如有机氯农药；以及在冶金、造纸等工业生产和固体废物焚烧中无意识产生的污染物，例如二噁英类。

小知识：什么是 UP-POPs?

UP-POPs（Unintentionally Produced Persistent Organic Pollutants），指不是人类主观意愿，而是在各种人类活动过程中非故意产生的副产物类持久性有机污染物，称为无意产生的持久性有机污染物。工业过程产生了大量的 UP-POPs，这些过程主要分为燃烧源、金属冶炼源和化工生产源。燃烧源主要包括废弃物焚烧、燃煤等，金属冶炼源主要包括铁矿石烧结、电炉炼钢等，化工生产源包括含氯化学品生产、制浆造纸中用氯气漂白纸浆、氯消毒等。

8.POPs在环境介质中是如何存在和迁移的？

生命所依赖的生存环境是一个由多介质单元（水、气、土、植物和动物等）组成的复杂系统。当POPs从其发生源进入环境介质（水、大气等）后，在介质内会发生稀释扩散，同时还可以进行跨环境介质边界的迁移、转化等一系列物理、化学和生物过程，从而进入生态系统。

水体中的POPs主要以溶解在水中和吸附在悬浮颗粒物上两种状态存在，其中一部分溶解在水中的POPs能通过挥发作用进入大气中，吸附在悬浮颗粒物上的POPs则通过沉积作用沉降到底泥中。水体或沉积物中的POPs通过食物链发生生物蓄积并逐级放大。

土壤中的POPs可通过挥发作用进入大气中，还有部分POPs能与土壤中的有机质和固体颗粒物紧密结合，这些POPs能通过植物的根、茎、叶和种子等的吸收进入食物链。

大气中的POPs主要以气态形式和吸附在固体颗粒物上两种形式存在，通过干、湿沉降（如雨水冲洗）向水体或土壤迁移。

动、植物体内的 POPs 主要是通过食物链在生物间发生转移。

POPs 最初是通过大气和水进入整个生态环境系统。大气中的 POPs 通常以气体形式扩散或吸附在颗粒物上迁移。土壤是一些植物和生物的营养来源，扩散或沉降到土壤中的 POPs 可挥发至大气中，也可被植物或

微生物吸收，然后也可在食物链上发生传递和迁移。通过这些迁移过程，POPs 能到达全球偏远的地区，如南极、北极和沙漠，进而造成全球性的污染。目前无论是在极地地区还是在低纬度地区，都能检测到 POPs。

17

小知识：从未使用过POPs的地方会有POPs污染吗？

会。科学家们在从未使用过 POPs 的南北极地区的冰雪内检测到 DDT 等有机氯农药类 POPs。美国阿拉斯加的阿留申群岛上栖居的秃鹰体内、阿留申群岛附近的西北太平洋海域生活的鲸鱼体内也有很高的有机氯农药类 POPs。更为有趣的是，地球北部的许多高山，如奥地利的阿尔卑斯山、西班牙的比利牛斯山、加拿大的落基山顶及我国喜马拉雅山顶，最近也发现有较高浓度的有机氯农药。研究还发现，随山高增加和温度降低，冰雪中所含的农药浓度也在增加，虽然高山上几乎是没有人烟的冰雪世界，但山顶冰雪所含农药的浓度为山下农业区域的 10~100 倍。

9.POPs全球传输的理论有哪些？

    POPs 全球传输的理论包括全球蒸馏效应、蚱蜢跳效应、冷凝结效应、大气稀释和海洋洋流、冷阱效应等。蚱蜢跳效应指 POPs 从低纬度向高纬度迁移的过程，每完成一次跳跃都必须完成一次挥发/沉降循环。

小知识：为什么极地POPs含量高？

    根据全球蒸馏效应和蚱蜢跳效应，POPs 不断地经历挥发－沉降，POPs 迁移到极地时，极地的低温将抑制 POPs 的挥发（也称冷阱效应），最终大多数 POPs 沉积在极地。另外，对于高山地区，高海拔的低温也有利于 POPs 的沉积。

10.POPs在环境介质中是如何消除的？

POPs 在环境介质中的消除主要有化学转化和生物降解两种方式。化学转化包括水解反应、光解反应和氧化还原反应等；生物降解指生命体对 POPs 的代谢过程，例如微生物的好氧或厌氧反应。

在环境介质中，POPs 主要降解过程是光解过程，微生物降解的速率相对而言极为缓慢。

第二章　POPs公约

11.什么是《斯德哥尔摩公约》?

2001 年 5 月，来自包括中国在内的全球 100 多个国家的环境代表在瑞典斯德哥尔摩签署了《关于持久性有机污染物的斯德哥尔摩公约》(简称《斯德哥尔摩公约》)，旨在通过全球共同努力淘汰和削减 POPs 污染，保护人类和环境免受 POPs 危害。该公约于 2004 年 5 月 17 日开始正式生效，2004 年 11 月 11 日在中国生效，截至 2017 年底，加入该公约的国家和地区共有 181 个。

公约含 30 条正文（目标，定义，实质性条款 14 条，常规性条款 14 条）和 7 个附件（A~G）。附件 A~C 将 POPs 分为三类，即附件 A 列出了要求消除其生产和使用的 POPs 及特定豁免条件；附件 B 中规定了要求严格限制生产和使用的 POPs；附件 C 列出了要求减少或消除的 UP-POPs，并提供了一般性指导，被提名化

学品纳入 POPs 管控清单（纳入附件 A、B 或 C）必须通过附件
D~F 的审查；附件 D 规定了新 POPs 审查的信息要求和甄选标准；
附件 E 规定了被提名化合物的风险简介草案；附件 F 规定了增列
POPs 建议时的风险管理评价报告的有关内容；附件 G 规定了发
生争端后的仲裁程序和调解程序。

小知识：目前国际环境公约有哪些？

国际环境公约是由一系列生态环境保护的国际公约组成的，
例如《保护臭氧层维也纳公约》《联合国气候变化框架公约》等，
见表 3。

序号	名称	保护目标和限制内容
1	《保护臭氧层维也纳公约》《蒙特利尔破坏臭氧层物质管制议定书》	保护臭氧层，禁止或限制消耗臭氧层物质的生产使用
2	《控制危险废物越境转移及其处置巴塞尔公约》	遏止越境转移危险废料
3	《濒危野生动植物种国际贸易公约》（华盛顿公约）	管制而非完全禁止野生物种国际贸易
4	《生物多样性公约》《卡特赫纳生物安全议定书》	保护濒临灭绝的植物和动物，最大限度地保护地球上多种多样的生物资源
5	《联合国气候变化框架公约》	应对气候变化，减少温室气体排放
6	《关于持久性有机污染物的斯德哥尔摩公约》	禁止或限制持久性有机物的生产和使用

12.《斯德哥尔摩公约》产生的过程是怎样的？

20世纪80年代，生物学家们在北极环境介质和北极熊等动物体内检测到有机氯化物，国际社会更加重视有机氯化物在全球范围的污染问题。

1992年，波罗的海周边九个国家和欧共体通过了《保护波罗的海区域海洋环境公约》，旨在减少和消除包括重金属及其化合物等十大类有毒有害化学物质，尽可能减少、必要时禁止在波罗的海区域及其集水区使用艾氏剂、狄氏剂、氯丹等20多种（类）农药。

1992年9月，欧洲十五个国家和欧共体委员会决定成立一个委员会，制订了一项计划，旨在减少和消除持久、蓄积、有毒的陆源污染物排放。

1995年5月，联合国环境规划署（UNEP）理事会决议通过关于POPs的GC18/32号文件，决定对包括滴滴涕、氯丹在内的12种POPs物质的化学性质、毒性、传输和社会、经济等问题进行评估。

1995 年 12 月，化学品安全国际方案组织专家完成了对 12 种 POPs 的评估报告。

1996 年 6 月，化学品安全政府间论坛特别工作组在马尼拉召开会议，决定立即采取国际行动，减少或消除 12 种 POPs 的排放，保护人体健康和环境。

1997 年 2 月，联合国环境规划署理事会通过了 GC19/13 号文件，决定要求政府间谈判委员会第一次会议成立 POPs 筛选标准专家组，为国际文书将来增列管制的 POPs 物质制定科学的标准和程序。

1997 年 5 月，第 15 次世界卫生大会赞同化学品安全政府间论坛的建议。

1998 年，根据联合国环境规划署理事会第 19 届会议的授权，就某些 POPs 采取国际行动的具有法律约束力的国际文书政府间谈判委员会开始工作。

经过 3 年的谈判，2001 年《关于持久性有机污染物的斯德哥尔摩公约》正式形成。

小知识：《斯德哥尔摩公约》是目前唯一的针对POPs的国际公约吗?

是。但在区域层面，目前还有一份针对 POPs 的公约，即《关于长距离跨境空气污染物公约》框架下的《持久性有机污染物议定书》。该议定书在 1998 年由美国、加拿大及欧盟共 32 个国家共同签署，该议定书提出的受控 POPs 共 16 种，即在《斯德哥尔摩公约》提出的首批 12 种 POPs 之外，还包括多环芳烃、林丹、六溴联苯和十氯酮等 4 种物质。2009 年又增加了受控物质清单。

13.《斯德哥尔摩公约》中规定的POPs的甄选标准有哪些？

《斯德哥尔摩公约》依据POPs的四个特性，建立了POPs甄别标准（见表4）。

表4　《斯德哥尔摩公约》认定POPs的甄别标准

环境持久性	·水体中半衰期＞2个月 ·土壤和底泥中半衰期＞6个月 ·其他显著持久性的依据
远距离大气传输潜力（LRATP）	·监测数据显示化学品的远距离传输通过大气、水或者迁徙物种已经发生 ·环境行为和/或模型计算结果已经表明一种化学品具有通过大气、水或者迁徙物种实现远距离环境传输 ·蒸气压＜1 000 Pa，且大气中半衰期＞2 d
生物富集因子（BCF）	·BCF＞5 000 ·lgKow＞5
不利影响	·对人类健康或对环境产生不利影响 ·可能造成毒性或生态毒性数据

小知识：什么是正辛醇–水分配系数（Kow）？

正辛醇–水分配系数（Octanol–Water Partition Coefficient，Kow，或称辛醇–水分配系数）是讨论有机污染物在环境介质（水、土壤或沉积物）中分配平衡的极其重要的参数。Kow指某一有机物在特定温度下，在正辛醇相和水相达到分配平衡之后，在两相的浓度的比值。

14.《斯德哥尔摩公约》受控POPs物质有哪些？

截至 2018 年 6 月，历经多次缔约方大会，《斯德哥尔摩公约》管控 POPs 名单由首批 12 种增加至 28 种，正在审核的 POPs 还有 3 种，具体可参见附录 1。首批被列入全球控制的 POPs 有 12 种（类），被称为"肮脏的一打（Dirty Dozen）"。《斯德哥尔摩公约》专设一章，规定可以由缔约方提名新的化学品可。

小知识：哪一种POPs的持久性最强？

全氟辛烷磺酸（PFOS）的持久性最强，是最难分解的有机污染物，在浓硫酸中煮 1 h 也不分解。据有关研究，在各种温度和酸碱度下对全氟辛烷磺酸进行水解作用，均没有发现有明显的降解；PFOS 在增氧和无氧环境下都具有很好的稳定性，不同微生物和试验条件下进行的大量研究表明，PFOS 没有发生任何生物降解的迹象。唯一出现 PFOS 分解的情况，是在高温条件下进行的焚烧，在碱性条件下机械球磨也可以高效降解 PFOS。

小知识：为什么说二噁英是目前世界上已知毒性最强的物质？

二噁英被称为是世界上最毒的化合物之一，每人每日能容忍的二噁英摄入量为每千克体重 1 pg❶，有"世纪之毒"之称。它的毒性是氰化钾的 1 000 倍，致癌性比已知的致癌物质黄曲霉毒素高 10 倍，比多氯联苯还要高数倍。1997 年，WHO 把二噁英列为人类一级致癌物。即使长期只摄取微量二噁英，也会引起皮肤、肝、生殖及发育等方面中毒，甚至致畸致癌。

15. "候选化合物"如何列入《斯德哥尔摩公约》管制范围？

《斯德哥尔摩公约》第 8 条规定，缔约方均可提交议案，将某一化学品增列入公约附件 A、B 或 C。POPs 审查委员会专门负责评估被提名的化学品。该委员会按照附件 D 的筛选标准进行评估，满足后将按照附件 E 提出风险简介草案，确定是否值得为该化合物引起的健康环境影响采取全球性行动，满足后

斯德哥尔摩公约

将按照附件 F，考察控制与禁用措施对经济社会的影响，进而形成风险管理评估报告，最后由 POPs 审查委员会决定是否向缔约方大会推荐该化合物。缔约方大会将投票决定该化合物是否纳入管制

---

❶ pg，皮克，质量单位，1 000 皮克 =1 纳克。

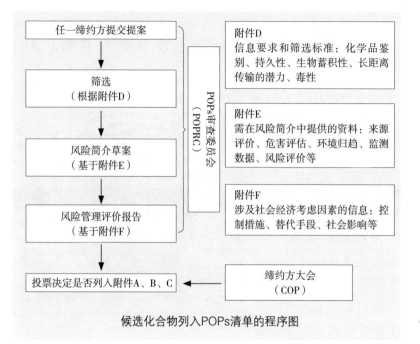

候选化合物列入POPs清单的程序图

小知识：哪些"候选化合物"可能被加入《斯德哥尔摩公约》？

目前受控POPs均为卤代有机物，首批12种POPs均为氯代有机物，后续也增列了氟代有机物和溴代有机物。由此可推断，未来可能增列的POPs仍为卤代有机物。

小知识：什么是卤代有机物？

卤族元素指在化学元素周期表中，周期系ⅦA族的元素，包括氟（F）、氯（Cl）、溴（Br）、碘（I）、砹（At），简称卤素。卤代有机物指氢原子被卤素取代的有机物。

16.《斯德哥尔摩公约》的目标和目的是什么？

《斯德哥尔摩公约》第1条明确阐述了公约的目标：铭记《关于环境与发展的里约宣言》中原则15确立的预防原则，保护人类健康和环境免受POPs的危害。五个具体目标分别为：先消除12种（类）最危险的POPs，支持向较安全的替代品过渡，对更

多的POPs采取行动，消除储存的POPs和清除含有POPs的设备，共同致力于没有POPs的未来。

小知识：在什么情况下，缔约方可以进出口POPs物质？

公约规定只有两种情况可以进出口POPs物质：一是以环境无害化处置为目的，二是公约允许的可接受用途或特定豁免。

17.《斯德哥尔摩公约》为什么要强调"共同但有区别的责任"？

1992年6月，联合国环境与发展会议通过了《关于环境与发

展的里约宣言》（也称"地球宪章"）原则 7 指出，各国应本着全球伙伴关系的精神进行合作，以维持、保护和恢复地球生态系统的健康和完整。鉴于造成全球环境退化的原因不同，各国负有程度不同的共同责任。"共同但有区别的责任"指由于地球系统整体性与导致生态

环境退化的各种不同因素，各国在履约能力上存在差异，在保护和改善全球生态环境中各国负有共同但又有区别的责任。

《斯德哥尔摩公约》中，遵循该原则主要有两个重要的原因：一是发达国家和发展中国家在经济社会、科学技术及履约方面的实际差距，发达国家通过历史上以污染为代价的发展过程，已经积累了较发展中国家更加雄厚的资金或更加成熟的技术，他们在 POPs 管理、处置、替代等方面具有相对较好的经验和技术积累；二是现在的一些发达国家在历史上是许多 POPs（如有机氯农药等）的生产和使用大国，他们对 POPs 污染问题的解决负有不可推卸的责任，发达国家有责任和义务为发展中国家履约提供资金和技术支持。

18.《斯德哥尔摩公约》的缔约方有哪些义务？

针对缔约方的义务，《斯德哥尔摩公约》进行了一般性规定：

在公约对其生效两年之内，制订并努力执行旨在履行公约所规定的各项义务的计划；向缔约方大会报告为执行公约采取的措施；促进和进行POPs方面的信息交流，包括为此建立国家联络窗口；推动和促进认识、教育并向公众提供信息，特别是政府管理者和环保公益组织等。鼓励和进行POPs及其替代品的研究、开发和监测工作，并支持这些方面的国际努力。

19.《斯德哥尔摩公约》现有的组织机构有哪些？

《斯德哥尔摩公约》现有的组织机构包括缔约方大会、公约秘书处、POPs审查委员会和成效评估委员会。

根据公约第19条，缔约方大会由批准、接收或加入《斯德哥尔摩公约》的各缔约方政府组成，是《斯德哥尔摩公约》的管理和决策机构。职责主要包括设立它认为公约所必需的附属机构，酌情与其他合法组织开展合作，定期审查缔约方的资料，考虑并

图名的组织机构包括简的方大会、公约秘书处、POPs审查委员会和成效评估委员会。

采取推动公约实施的任何其他行动。缔约方大会通过历次会议生成的决议来推动公约的实施。2005 年 5 月，缔约方大会第一次会议在乌拉圭召开，大会通过的议事规则决定，第二次和第三次常会应每年举行，此后每两年举行一次。截至 2019 年 2 月，缔约方大会共召开了 8 次会议，并通过了约 200 项决议，决议内容涉及缔约方大会议事规则、增列新 POPs、资金机制、履约机制、成效评估等与公约实施密切相关的各项议题，以推动《斯德哥尔摩公约》的履约实施进程。

公约秘书处主要是为缔约方大会及其附属机构的会议做出安排并提供所需要的服务，为缔约方国家实施公约提供便利，与其他国家组织的秘书处进行必要的协调等。秘书处的职能由 UNEP 执行主任履行。根据缔约方大会第一次会议决议，公约秘书处常驻地设在瑞士的日内瓦。

POPs 审查委员会的主要职责是根据工作规定，按照设定的标准和程序，对缔约方提出的拟增列化学品进行审查，并向缔约方提出增列建议和控制措施。截至 2018 年底，16 种（类）化学品被提交并通过了缔约方大会的审议，被分别增列入公约附件 A、B 或 C。

POPs 成效评估委员会是根据公约第 16 条规定而设立的，其主要职责是负责审查秘书处汇编的与成效评估相关的信息和资料，并对其进行评估，就有关成效得出结论，并向缔约方大会提供可能需要改进的建议。

20.《斯德哥尔摩公约》规定缔约方应采取哪些措施来控制POPs？

《斯德哥尔摩公约》规定缔约方有责任采取措施减少或消除POPs的释放，即：考虑POPs在使用方面的具体豁免和某些特定豁免，减少公约附件A所列POPs的生产和使用（艾氏剂、氯丹、滴滴涕、狄氏剂、异狄氏剂、七氯、六氯苯、灭蚁灵和毒杀芬）。

限制公约附件B所列POPs的特定可接受用途的生产和使用，对DDT按世界卫生组织指南用于病媒控制实行特定的其他限制性豁免。限制附件A和B所列POPs的出口：①到具有具体豁免或准许用途的缔约方；②到非缔约方并证明其符合公约相关条款的规定；③为环境无害化处置的目的。确保PCBs以环境无害化方式管理，并在2025年之前采取行动消除确定的临界线之上的PCBs的使用。如果国家已经注册过，确保DDT的使用限制在病媒控制方面，并应根据世界卫生组织的指南，报告该化学品的使用量。开发和实施一个行动计划来确定附件C所列POPs副产品的来源并减少释放，包括编制和保持排放来源清单和排放量预测；包括使用现有最佳技术和最佳环境管理的做法。制定战略确定附件 A 和 B 所列 POPs 的库存和含附件 A、B 和 C 所列 POPs 产品，并采取措施确保 POPs 废物的管理和以无害环境的方式予以处置。根据国际标准和指南（如《控制有害物质及其处置越境转移的巴塞尔公约》），尽力确定可能恢复的 POPs 污染场地。

第三章　POPs防治

21.我国环境质量标准中，水、空气和土壤中的POPs如何规定？

我国的环境质量标准针对不同的环境介质，对部分POPs设定了环境限值，具体见表5。

表5 涉及部分 POPs 环境质量标准

涉及 POPs	环境 介质	环境值	国家标准
滴滴涕	水	一类≤ 0.05 μg/L 二、三、四类≤ 0.1 μg/L	《海水水质标准》（GB 3097—1997）
滴滴涕	水	≤ 0.001 mg/L	《地表水环境质量标准》（GB 3838—2002）
滴滴涕	水	≤ 0.001 mg/L	《生活饮用水卫生标准》（GB 5749—2006）
滴滴涕 （总量）	水	Ⅰ类 ≤ 0.01 μg/L Ⅱ类 ≤ 0.10 μg/L Ⅲ类 ≤ 1.00 μg/L Ⅳ类 ≤ 2.00 μg/L Ⅴ类 > 2.00 μg/L	《地下水环境质量标准》（GB/T 14848—2017）
滴滴涕 （总量）	土壤	风险筛选值 0.10 mg/kg	《土壤环境质量农用地土壤污染风险管控标准（试行）》（GB 15618—2018）
滴滴涕 （总量）	土壤	风险筛选值 一类用地 2.0 mg/kg 二类用地 6.7 mg/kg	《土壤环境质量建设用地土壤污染风险管控标准（试行）》（GB 36600—2018）
滴滴涕 （总量）	土壤	风险管控值 一类用地 21 mg/kg 二类用地 67 mg/kg	
林丹	水	≤ 0.002 mg/L	《地表水环境质量标准》（GB 3838—2002）
林丹	水	≤ 0.002 mg/L	《生活饮用水卫生标准》（GB 5749—2006）
林丹	水	Ⅰ类 ≤ 0.01 μg/L Ⅱ类 ≤ 0.10 μg/L Ⅲ类 ≤ 1.00 μg/L Ⅳ类 ≤ 2.00 μg/L Ⅴ类 > 2.00 μg/L	《地下水环境质量标准》（GB/T 14848—2017）

续表5

涉及POPs	环境介质	环境值	国家标准
二噁英类（总量）	土壤	风险筛选值 一类用地 1×10^{-5} mg/kg 二类用地 4×10^{-5} mg/kg	《土壤环境质量 建设用地土壤污染风险管控标准（试行）》（GB 36600—2018）
二噁英类（总量）	土壤	风险管控值 一类用地 1×10^{-4} mg/kg 二类用地 4×10^{-4} mg/kg	

小知识：我国的环境标准体系是如何组成的？

在我国，环境标准分为国家环境标准、地方环境标准和生态环境部标准。国家环境标准包括国家环境质量标准、国家污染物排放标准（或控制标准）、国家环境监测方法标准、国家环境标准样品标准（实物标准）、国家环境基础标准，统一编号为 GB 或 GB/T。地方环境标准主要包括地方环境质量标准和地方污染物排放标准（或控制标准），统一编号为 DB。

22.针对POPs，我国的污染物排放标准是如何规定的？

我国污染物排放标准主要针对行业排放 UP-POPs 中的二噁英类做了规定，表6列出了部分排放标准中针对向大气、水、污泥中排放二噁英类物质的现行标准。

表6 涉及部分 POPs 的排放限制

污染物排放标准	工艺或设备	排放限值
《危险废物焚烧污染物控制标准》（GB 18484—2001）	焚烧炉	≤ 0.5 ng · TEQ/m³
《医疗废物焚烧炉技术要求（试行）》（GB 19218—2003）	焚烧炉	≤ 0.5 ng · TEQ/m³
《钢铁烧结、球团工业大气污染物排放标准》（GB 28662—2012）	烧结机、球团烧结设备	≤ 0.5 ng · TEQ/m³（含特别排放限值）
《炼钢工业大气污染物排放标准》（GB 28664—2012）	电炉	≤ 0.5 ng · TEQ/m³（含特别排放限值）
《水泥窑炉协同处置固体废物污染控制标准》（GB 30485—2013）	协同处置固体废物的水泥窑	≤ 0.1 ng · TEQ/m³
《生活垃圾焚烧污染控制标准》（GB 18485—2014）	焚烧炉	一般生活垃圾 ≤ 0.1 ng · TEQ/m³
	污水厂污泥、一般工业废物的专用焚烧炉	≤ 0.1 ng · TEQ/m³，处理能力 > 100 t/d ≤ 0.5 ng · TEQ/m³，处理能力 ≥ 50 t/d，< 100 t/d ≤ 1.0 ng · TEQ/m³，处理能力 < 50 t/d
《火葬场大气污染物排放标准》（GB 13801—2015）	遗体火化	≤ 0.5 ng · TEQ/m³
	遗物火化	≤ 1.0 ng · TEQ/m³
《制浆造纸工业水污染物排放标准》（GB 3544—2008）	制浆企业、造纸企业和联产企业	30 ng · TEQ/m³ 污水（车间或生产设施排水口）
《城镇污水处理厂污染物排放标准》（GB 18918—2002）	污泥农用	≤ 100 ng · TEQ/kg 干污泥

23.如何检测环境介质（大气、水、土）中POPs的含量？

　　化学分析是有机物定量分析的常用方法。化学分析的主要过程是首先实现待测POPs样品的分离，然后以特定的化学检测器对POPs进行定性、定量测定。

　　POPs常用的化学分析方法主要有气相色谱（GC）法、气相色谱/质谱（GC/MS）法、高效液相色谱（HPLC）法、超临界流体色谱（SFC）法等。生物分析技术则是利用生物对POPs的某些特征反应来实现对环境中POPs的检测。POPs的生物分析方法主要包括生物传感器检测法、表面胞质团共振（SPR）检测法和以Ah受体为基础的生物分析方法等。

　　以二噁英类为例，它的检测方法可参考不同的检测标准，包括《水质二噁英类的测定 同位素稀释高分辨气相色谱－高分辨质谱法》（HJ 77.1—2008）、《环境空气和废气二噁英类的测定　同位素稀释高分辨气相色谱－高分辨质谱法》（HJ 77.2—2008）、《固

体废物二噁英类的测定　同位素稀释高分辨气相色谱 – 高分辨质谱法》（HJ 77.3—2008）、《土壤、沉积物二噁英类的测定　同位素稀释高分辨气相色谱 – 高分辨质谱法》（HJ 77.4—2008）。

24.UP-POPs排放因子及排放量是如何估算的？

污染物排放量的核算方法包括文献法、系数法和实验法。系数法是常用的核算方法。我国 UP-POPs 污染源研究起步相对发达国家较晚。对于某个特定生产工艺，污染物的排放呈现规律性，排放因子即特定污染物相对其活动水平（或生产强度）的平均排放量。假定排放量和活动水平呈线性关系，排放量即可通过排放因子和活动水平进行估算，即排放量 = 排放因子 × 产量。

小知识： 我国产生及排放二噁英类物质有多少？

有研究表明，2004 年我国二噁英类排放量约 10 236.8 g TEQ，主要排放源排放 5 331.8 g TEQ，超过 50%，主要排放源包括废物焚烧、炼钢、制浆造纸及再生金属生产等。具体见表 7。

表7　我国二噁英类主要排放源及排放量

序号	排放源	年排放量（g TEQ/a）				
		空气	水	产品	残余物	总量
1	废弃物焚烧	610.47			1 147.1	1 757.57
	生物垃圾焚烧	125.8			212.2	338
	危险废弃物焚烧	57.27			186	243.27
	医疗废弃物焚烧	427.4			748.9	1 176.3
2	制浆造纸	0.36	22.6	115	22.8	160.76
3	钢铁冶炼	1 647.5			2 167.2	4 667.0
	铁矿石烧结	1 522.5			0.9	1 523.4
	电弧炉	125.0			625.0	750.0
4	再生金属生产	73.7			908.8	982.5
	再生铜生产	58.0			730.8	788.8
	再生铝生产	5.8			166.0	171.8
	再生锌生产	8.0				8.0
	再生铅生产	1.9			12.0	13.9
5	遗体火化	44			10.9	54.9
6	氯酚和氯代杀虫剂生产	0.30	0.60	55.50	46.10	102.5
总计	UP-POPs 排放	2 376.4	23.2	170.5	2 761.6	5 331.7
	全国总排放	5 042.4	41.2	174.4	4 978.7	10 236.7

25.什么是"最佳可行技术"和"最佳环境实践"？

为指导二噁英类等 UP-POPs 的减排，联合国环境规划署组织专家制定了"最佳可行技术"和"最佳环境实践"导则（也称 BAT/BEP 导则）。"最佳可行技术"是指所使用的技术已达到最有效和最先进的阶段，

可以最大限度地减少 UP-POPs 的排放。这里的"技术"包括所采用的技术以及所涉及的装置的设计、建造、维护、运行和淘汰；"可行"技术是指使用者能够获得的、在一定规模上开发出来的并基于成本和效益考虑，在可靠的经济和技术条件下能在相关工业部门中采用的技术。"最佳"是指对整个环境全面实行最有效的高水平保护。"最佳环境实践"是指环境控制措施和战略的最佳组合方式的应用。根据《斯德哥尔摩公约》的主旨，缔约方有义务促进或要求最佳可行技术（BAT）的使用，并且推动最佳环境实践（BEP）的广泛应用。

26.工业过程产生的UP-POPs有哪些减排控制技术?

大气污染防治技术中控制常规污染物（如 SO_2、NO_x）的技术，控制 UP-POPs 也同样适用，主要包括源头控制技术和末端烟气处理的减排技术。源头控制包括控制燃烧条件和源头阻

滞技术。烟气减排技术包括布袋除尘、湿式除尘、催化氧化、活性炭吸附等。

以新建焚烧设施控制二噁英类为例：

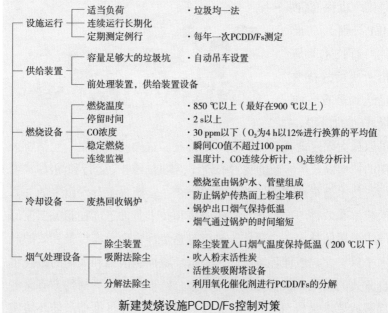

新建焚烧设施PCDD/Fs控制对策

27.POPs的水污染控制技术有哪些？

常见的水污染控制技术也适用于POPs污染防治，主要包括微生物技术、湿式催化氧化（CWAO）、超临界水氧化（SCWO）、高级氧化法（AOPs）等。

微生物法的作用机制分为吸附和降解两个过程，虽然POPs难以生物降解，但自然界仍有一些特殊微生物能够分解特定的POPs。

对于高浓度POPs的工业污水，可采用湿式催化氧化（CWAO）、超临界水氧化（SWO）等方法。CWAO是在一定温度、压力和催化剂的作用下，经空气氧化，使污水中的有机物分解为 CO_2 和 H_2O 等小分子物质的技术。SWO 是在温度和压力超过水的临界值（374.3℃和 22.1 MPa）条件下，将超临界水作为反应介质，以氧气作为氧化剂，以水中有机物作为还原剂发生的强烈氧化还原反应的过程。

高级氧化法是采用光催化、芬顿（Fenton）反应、电化学、催化臭氧氧化等技术，在常温常压下活化 O_2、H_2O、

H_2O_2、O_3 等产生高活性氧化剂（如·OH），以其高氧化型分解和转化难降解有机物的过程。以·OH 为例，其氧化性仅次于单质氟，可以氧化二噁英类、各种农药以及抗生素等。

28.POPs污染场地修复技术有哪些？

污染场地修复技术主要分为原位修复和异位修复。原位修复技术即就地处置技术，操作维护简单，不需要远程运输及新建场地。异位修复技术即异地处置技术，环境风险和处理效果更容易控制，但经济费用较高。适用于有机物污染的场地修复技术大多数可用于 POPs 污染场地，详见表 8 和表 9。

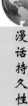

表 8　POPs 污染场地修复技术列表

分类	名称	商业化程度	适宜对象
原位修复	化学淋洗	国内较成熟	原位土壤中含有卤化半挥发性有机物、多氯联苯等
	土壤蒸汽抽提／地下水曝气技术	国外较成熟	黏土含量较低、渗透性较大、地下水位较低的土壤
	固化／稳定化	国外较成熟	多环芳烃、PCBs、农药、重金属和氰化物
	原位热处理技术	国外较成熟	适宜批量处理，土壤条件及深度不限
	原位化学氧化	国外较成熟	挥发性有机物，多环芳烃、PCBs、农药和酚醛树脂等
	生物通风法	技术较新	黏土含量较少，深度小于 1 m 的土壤

分类	名称	商业化程度	适宜对象
异位修复	低温热解析技术	国外较成熟	各种 POPs 废物及土壤
	高温焚烧	国内较成熟	所有的液态、固态 POPs 废物污染土壤
	化学氧化	国内较成熟	半挥发性有机物和杀虫剂
	血粉强化厌氧生物降解技术	实验室阶段	低浓度含氯农药的土壤和沉积物
	水泥窑共处置	国内较成熟	各种 POPs 废物及土壤
	堆肥法	国外较成熟	POPs 污染土壤
	碱催化分解	国外较成熟	各种 POPs 土壤和液态污染物
异位修复	机械化学脱氯	国外较成熟	各种 POPs 土壤、沉积物和液态污染物
	声波技术	技术较新	PCB 土壤
	植物修复	国外较成熟	各种 POPs 土壤和沉积物
	加热还原与钠分散技术	实验室阶段	各种 POPs 土壤
	亚临界水氧化	技术较新	各种 POPs 土壤
	自蔓延高温脱氯	实验室阶段	高浓度六氯苯土壤
	TDT-3R	实验室阶段	高浓度六氯苯土壤
原位或异位修复	玻璃化技术	国外较成熟	含水率低、污染物深度不超过 6 m 的土壤，各种 POPs 土壤、沉积物

表9　土壤和地下水修复技术筛选矩阵

技术名称	技术成熟度	运行维护投入	资金投入	系统的可靠性和维护需求	其他相关成本	修复时间	目标污染物				
							非卤代 VOCs	卤代 VOCs	非卤代 SVOCs	卤代 SVOCs	重金属
土壤											
原位生物处理											
1 生物通风	●	●	●	●	●	○	●	○	●	○	○
2 强化生物修复	●	○	○	●	○	○	●	●	●	○	○
3 植物修复	●	○	●	●	●	○	○	○	○	○	●
原位物理/化学处理											
4 化学氧化/还原	●	○	○	○	○	●	○	○	○	○	○
5 土壤冲洗	●	○	○	●	●	○	●	●	●	○	●
6 土壤气相抽提	●	○	○	●	●	○	●	●	○	○	○
7 固化/稳定化	●	○	○	●	●	○	●	●	○	○	●
8 热处理(热蒸汽或热脱附)	●	○	○	○	○	○	●	●	○	●	○
异位生物处理(假设基坑开挖)											
9 生物堆肥法	●	●	●	●	●	○	○	●	○	○	○
10 堆肥法	●	●	●	●	●	○	○	●	○	○	○
11 泥浆态生物处理	●	○	○	●	○	○	○	●	●	○	○

续表 9

技术名称	技术成熟度	运行维护投入	资金投入	系统的可靠性和维护需求	其他相关成本	修复时间	目标污染物				
							非固代 VOCs	固代 VOCs	非固代 SVOCs	固代 SVOCs	重金属
异位物理/化学处理（假设基坑开挖）											
12 土壤淋洗	●	○	○	●	○	●	○	○	○	○	○
13 化学氧化/还原	●	○	○	●	○	●	○	○	○	○	●
14 固化/稳定化	●	○	○	●	●	●	○	○	○	○	●
异位热处理法（假设基坑开挖）											
15 水泥窑协同处置	●	○	○	○	●	●	●	●	●	●	○
16 焚烧	●	○	○	○	●	●	●	●	●	●	○
17 热脱附	●	○	○	○	○	○	●	●	●	●	○
其他技术											
18 阻隔填埋	●	○	○	●	●	○	○	○	○	○	○
19 开挖、运出、安全填埋	●	●	●	●	○	●	○	○	○	○	○
地下水											
原位生物处理											
20 强化生物修复	●	○	○	○	●	○	●	○	●	○	○
21 监测型自然衰减	●	○	○	○	○	●	●	○	○	○	○

技术名称	技术成熟度	运行维护投入	资金投入	系统的可靠性和维护需求	其他相关成本	修复时间	目标污染物				
							非卤代VOCs	卤代VOCs	非卤代SVOCs	卤代SVOCs	重金属
22 植物修复	●	●	●	○	●	○	○	○	○	○	○
原位物理/化学处理											
23 空气注射	●	●	●	●	●	●	●	○	●	●	○
24 生物通风＋自由相抽提	●	●	●	○	●	●	○	○	○	●	○
25 化学氧化/还原	●	○	○	○	○	○	●	○	●	●	○
26 多相抽提	●	○	○	○	○	●	●	○	●	●	○
27 热处理	●	○	○	○	○	●	●	○	●	●	○
28 井内曝气吹脱	●	○	○	●	○	○	●	○	○	○	○
29 主动/被动反应墙（例如 PRB）	●	○	○	●	○	○	●	●	●	●	○
其他技术											
30 阻隔（例如止水帷幕、水力控制法等）	●	○	○	●	●	○	●	●	●	●	●

异位处理（抽出处理），抽出后处理技术同工业废水处理

29.什么是POPs废物的"环境无害化管理"？

《斯德哥尔摩公约》与《巴塞尔公约》采用以下限值来定义POPs废物：①多氯联苯：50 mg/kg，②二噁英类：15 μg TEQ/kg；③滴滴涕、氯丹、艾氏剂、狄氏剂、异狄氏剂、七氯、六氯代苯、灭蚁灵和毒杀芬：50 mg/kg。

1999年12月召开《巴塞尔条约》第5次缔约方大会给出了"环境无害化管理"的定义：在全生命周期管理的框架下，避免或降低有害废物的产生，并将其处理或处置至不会造成人体健康或环境危害的程度，避免及减少有害废物的跨境转移。

《斯德哥尔摩公约》针对POPs的无害化管理，实际上采取了7个步骤，包括公告、收集档案资料、档案资料分析、选择策略、合理化方案、选择技术路线、实施。

小知识：什么是化学品的全生命周期？

生命周期，通俗地理解为"从摇篮到坟墓"（Cradle-to-Grave）的整个过程。化学品的全生命周期指该化学品从生产、使用到迁移、分解的全过程。

30.针对POPs防治，未来研究的重点有哪些？

针对全球范围内 POPs 污染问题，在涉及 POPs 分析方法、生态毒理、健康危害、环境风险以及先进控制技术等方面时，研究重点包括但不限于：① POPs 及新型污染物的监测方法；② POPs 及新型污染物的毒性机制及健康效应评价；③ POPs 及多介质复合污染的迁移、转化机制研究；④ POPs 的污染防治技术以及高风险区域的污染修复技术；⑤ POPs 污染源解析、远距离迁移传输机制及模型研究。

第四章　POPs履约与生活

31.我国的POPs履约的管理组织架构是怎样的？

为全面履行《斯德哥尔摩公约》缔约国义务，2005年，经国务院批准，原国家环境保护总局（现调整为生态环境部）牵头，11个相关部委（现为14个部委）组成的国家履约工作协调组，并设立协调组办公室。协调组定期召开有关会议商议履约有关事项，并制订年度工作计划。具体工作协调组组成见下图。

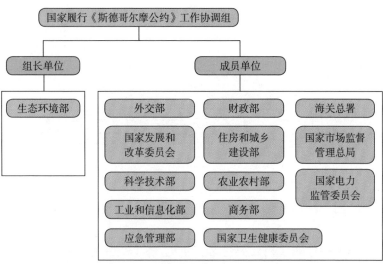

国家履行《斯德哥尔摩公约》工作协调组组成

32.我国的POPs污染防治进展情况如何?

我国政府高度重视 POPs 履约工作，及时制定战略规划，明确目标任务；颁布政策法规，建立约束机制；强化能力建设，提高公众意识，加强全球合作。

（1）制定战略规划，明确目标任务

2007 年 4 月，国务院批准了《中华人民共和国履行〈关于持久性有机污染物的斯德哥尔摩公约〉国家实施计划》（简称《国家实施计划》）。该文件是我国履约工作的纲领性文件，它明确了中国的履约目标、战略和行动计划，确定分阶段、分区域和分行业稳步推进履约工作。主要包括：在重点行业广泛开展 BAT/BEP，基本控制二噁英排放的增长趋势；基本完成全国杀虫剂类 POPs 废物和高风险 PCBs 废物的环境无害化处置；对重点行业排放的已识别的二噁英废物实施环境无害化管理与处置；完成全国已识别高风险在用含 PCBs 装置的环境无害化管理与处置；建立 POPs 污染场地清单，并建立涉及 POPs 污染场地的封存、土地利用和环境修复等环境无害化管理和修复技术支持体系。

2012 年 7 月，《全国主要行业持久性有机污染物污染防治"十二五"规划》由原环境保护部（现调整为生态环境部）等 12 个部委联合印发，进一步明确了我国"十二五"期间 POPs 履约和污染防治的主要目标、任务与保障措施。

（2）颁布政策法规，建立约束机制

2009 年 4 月，原环境保护部和国家发展改革委等 10 部委联合发布公告，宣布自 2009 年 5 月 17 日起，禁止在中国境内生产、流通、使用和进出口杀虫剂类滴滴涕、氯丹、灭蚁灵及六氯苯等 POPs。

2010 年 10 月，原环境保护部、外交部等 9 部委联合发布了《关于加强二噁英污染防治的指导意见》，明确提出对二噁英排放行业的技术和管理要求。

2011 年 3 月，国家发展改革委发布《产业结构调整指导目录

（2011年版）》，将滴滴涕、六六六、PCBs等14种POPs杀虫剂纳入落后产品，将POPs减排技术研发应用列为鼓励类。

（3）摸清基础信息，建立长效机制

2006~2010年，开展全国POPs调查，掌握了17个二噁英排放主要行业的排放量及其变化情况。2011年，组织开展全国部分地区非电力行业含PCBs电力设备及其废物调查，掌握了全国电力行业和典型省份非电力行业含PCBs电力设施在用及其废物数量和存放情况。2011年起，实施POPs统计报表制度，以掌握我国POPs污染源的动态变化，建立POPs污染防治长效监管机制。

（4）强化能力建设，提高管理水平

在上海、广州等14个省、自治区、直辖市建立地方履约能力建设示范点；完善二噁英监测实验室建设，提升监测技能；开展全国性POPs监测培训和经验交流；开展履约成效评估监测；举办POPs执法检查培训，开展监督执法检查，提高了国家和地方的POPs管理能力。组织二噁英减排技术调查评估，探索减排技术路线；建立POPs履约技术转移促进中心，促进关键领域技术转移；在国家科技支撑计划、"973"计划、"863"计划等主要科技计划的大力支持下，开展了一批研究项目，在国际上的影响日益显著；组织召开国际技术协调会议，引进国际先进管理经验。

（5）提高公众意识，促进公众参与

开设"中国POPs履约行动"网站，编印《POPs履约工作通讯》；调动电视、广播、报纸和网络等各种媒体，建立宣传POPs信息平台；出版宣传教育读物，宣传普及POPs知识；组织主题展览、

举办大型主题活动。

（6）加强国际合作，推进淘汰减排

参加了历次政府间谈判会议和公约缔约方大会、审查委员会、专家组会；开展了 30 多个国际合作项目；履约能力建设和杀虫剂替代、多氯联苯管理和处置、二噁英减排和 POPs 废物处置等，引进资金、技术和先进的管理理念。

小知识：从哪些网站可以获取POPs有关信息？

表 10　POPs 知识常用查询网站

序号	名称	网址
1	《斯德哥尔摩公约》官方网站	http://www.pops.int
2	中国 POPs 履约行动网站	www.china-pops.org
3	中国 POPs 科技网站	www.china-pops.int
4	POPs 减排网站	http://www.pops-ttpc.org
5	国际 POPs 消除网站	http://ipen.org
6	化学品协会国际理事会	http://www.icca-chem.org
7	全球环境基金	http://www.gefweb.org
8	POPs 废物处置技术数据库	www.ihpa.info

33.生活中的POPs污染源主要有哪些？

有研究显示，POPs 几乎可在全球范围的水域被检测出。因此，水产体内的脂肪中可能包含痕量的 POPs。水产作为食物，也就成为 POPs 的接触源之一。

随着公约的持续实施，有机氯农药类 POPs 被禁止生产和使用，但工业无意排放过程中仍有二噁英类产生和释放，主要包括

垃圾焚烧、钢铁冶金、焦化、殡葬等行业。

　　焚烧垃圾在广大农村地区仍时有发生，而含氯垃圾的不完全燃烧将排放二噁英。例如，日常生活中常用的胶带、PVC（聚氯乙烯）软胶、包装袋等都含有氯，燃烧这些物品时可能会释放出二噁英。

34.生活中如何减少POPs的摄入？

　　生活中POPs暴露主要为饮食。针对食用的蔬菜瓜果，可考虑做削皮处理，或者先用清水冲洗3~6遍，然后放入淡盐水中浸泡，

再用清水冲洗一遍。在食用青椒、菜花、豆角等时，用开水先烫一下可清除 90% 的残留农药。近海受人们生产活动和日常生活的直接影响，污染情况相对要严重得多，应考虑减少甚至避免食用近海鱼类。动物肝脏是 POPs 最容易积蓄的部位，也应减少食用。

小知识：吸烟会摄入POPs吗？

会。有研究发现，多种香烟中含有二噁英类。英国香烟含量最高，平均每盒含 13.8 pg；每盒日本香烟含量为 6.1 pg；每盒中国香烟含量为 1.8 pg。美国国家环保署（EPA）规定，人体每日摄取二噁英最高允许量，以体重计算，每千克不超过 0.01 pg。假定某人体重为 60 kg，那么按照 EPA 标准，每天吸中国香烟不能超过 1/3 盒。

35.垃圾分类如何减少POPs排放？

垃圾分类可以提高垃圾的二次利用效率，主要是更加充分地利用蕴含在垃圾里的剩余能源。例如，厨余垃圾与其他垃圾分开，可以减少垃圾中的水分含量，更利于垃圾焚烧、增加热值以及进行堆肥。

生活中的POPs污染源

随着城市建设用地紧张，垃圾焚烧正在被更多城市采用。垃圾有效分类将大大减少垃圾产生量，进入焚烧环节的垃圾减少，UP-POPs（主要是二噁英类）产生量将减少。

小知识： "3R"原则指的是什么？

在循环经济和清洁生产过程中，"3R"原则指减少原料（Reduce）、重新利用（Reuse）和物品回收（Recycle）。

附 录

附录1 受控或限制的POPs一览表

附表1 首批进入《斯德哥尔摩公约》的12种受控POPs名单

所属附件	物质		类别
	中文名称	英文名称	
附件A消除	艾氏剂	aldrin	农药
	氯丹	chlordane	
	狄氏剂	dieldrin	
	异狄氏剂	endrin	
	七氯	heptachlor	
	灭蚁灵	Mirex	
	毒杀芬	toxaphene	
	六氯苯[a]	hexachlorobenzene(HxCBz)[a]	农药、工业品
	多氯联苯[a]	polychlorinated biphenyls(PCBs)[a]	工业品
附件B限制	滴滴涕	dichlorodiphenyltrichloroethane(DDT)	农药
附件C无意生成	多氯代二苯并-对-二噁英	polychlorinaten dibenzo-p-dioxins(PCDDs)	副产物
	多氯代二苯并呋喃	polychlorinated dibenzofurans(PCDFs)	
	六氯苯	HxCBz	
	多氯联苯	PCBs	

注： a.六氯苯和多氯联苯同时也是无意生成的副产物，同时列在附件A和附件C中。

附录1所涉及的附表截至时间为2018年6月。

附表 2 增列的 16 种受控 POPs 名单

所属附件	新增 POPs 名称	英文名称	类别
A	α - 六氯环己烷	α -hexachlorocyclohexane	农药
A	β - 六氯环己烷	β -hexachlorocyclohexane	农药
A	十氯酮	chlordecone	农药
A	六溴联苯	hexabromobiphenyl	工业品（阻燃剂）
A	六溴环十二烷	hexabromocyclododccane	工业品
A	六溴二苯醚和七溴二苯醚（商用八溴二苯醚）	hexabromodiphenyl ether and heptabromodiphenyl	工业品
A 和 C	六氯丁二烯 b	hexachlorobutadiene	工业品
A	林丹	lindane	农药
A 和 C	五氯苯 b	pentachlorobenzene	工业品、农药、副产物
A	五氯苯酚及其盐和酯类	pentachlorophenol and its salts and esters	农药
B	全氟辛烷磺酸及其盐类、全氟辛基磺酰氟	perfluorooctane sulfonic acid(PFOS),its salts and perfluorooctane sulfonyl fluoride(PFOSF)	工业品
A 和 C	多氯萘 b	polychlorinated naphthalenes	工业品、副产物
A	硫丹原药及其异构体	technical endosulfan and its related isomers	农药
A	四溴二苯醚和五溴二苯醚（商用五溴二苯醚）	tetrabromodiphenyl ether and pentabromodiphenyl ether(commercial pentabromodiphenyl ether)	工业品
A	十溴二苯醚（商用混合物）	decabromodiphenyl ether(commercial mixture,c-DecaBDE)	工业品
A	短链氯化石蜡	short-chain chlorinated paraffins(SCCPs)	工业品（阻燃剂等）

注：b.六氯丁二烯、五氯苯、多氯萘同时且无意生成的副产物，同时列在附件A和附件C中。

附表3 《斯德哥尔摩公约》正在审核的 POPs 名单

序号	中文名	英文名	类别
1	三氯杀螨醇	dicofol	杀虫剂
2	全氟辛酸及其盐和相关化合物	perfluorooctanoic acid(PFOA), tis salts and PFOA-related compounds	表面活性剂，乳化剂
3	全氟己基磺酸及其盐和相关化合物	perfluorohexane sulfonic acid (PFHxS), its salts and PFHxS-realted compounds	有机中间体

附录2 公民生态环境行为规范（试行）

《公民生态环境行为规范（试行）》由生态环境部、中央文明办、教育部、团中央、全国妇联等五部门在 2018 年"6·5"环境日联合发布。《规范》分关注生态环境、节约能源资源、践行绿色消费、选择低碳出行、分类投放垃圾、减少污染产生、呵护自然生态、参加环保实践、参与监督举报、共建美丽中国等十个方面。

《公民生态环境行为规范（试行）》全文如下：

第一条 关注生态环境。关注环境质量、自然生态和能源资源状况，了解政府和企业发布的生态环境信息，学习生态环境科学、法律法规和政策、环境健康风险防范等方面知识，树立良好的生态价值观，提升自身生态环境保护意识和生态文明素养。

第二条 节约能源资源。合理设定空调温度，夏季不低于 26 ℃，冬季不高于 20 ℃，及时关闭电器电源，多走楼梯、少乘电梯，人走关灯，一水多用，节约用纸，按需点餐不浪费。

第三条 践行绿色消费。优先选择绿色产品，尽量购买耐用品，少购买使用一次性用品和过度包装商品，不跟风购买更新换代快的电子产品，外出自带购物袋、水杯等，闲置物品改造利用或交流捐赠。

第四条　选择低碳出行。优先步行、骑行或公共交通出行，多使用共享交通工具，家庭用车优先选择新能源汽车或节能型汽车。

第五条　分类投放垃圾。学习并掌握垃圾分类和回收利用知识，按标志单独投放有害垃圾，分类投放其他生活垃圾，不乱扔、乱放。

第六条　减少污染产生。不焚烧垃圾、秸秆，少烧散煤，少燃放烟花爆竹，抵制露天烧烤，减少油烟排放，少用化学洗涤剂，少用化肥农药，避免噪声扰民。

第七条　呵护自然生态。爱护山水林田湖草生态系统，积极参与义务植树，保护野生动植物，不破坏野生动植物栖息地，不随意进入自然保护区，不购买、不使用珍稀野生动植物制品，拒食珍稀野生动植物。

第八条　参加环保实践。积极传播生态环境保护和生态文明理念，参加各类环保志愿服务活动，主动为生态环境保护工作提出建议。

第九条　参与监督举报。遵守生态环境法律法规，履行生态环境保护义务，积极参与和监督生态环境保护工作，劝阻、制止或通过"12369"平台举报破坏生态环境及影响公众健康的行为。

第十条　共建美丽中国。坚持简约适度、绿色低碳的生活与工作方式，自觉做生态环境保护的倡导者、行动者、示范者，共建天蓝、地绿、水清的美好家园。

参考文献

1.刘国瑞，郑明辉，孙轶斐，等.工业过程中持久性有机污染物排放特征[M].北京：科学出版社，2018.

2.赵英民，陈亮，赵维钧，等.持久性有机污染物履约百科[M].北京：中国环境出版社，2016.

3.环境保护部国际合作司.控制和减少持久性有机污染物《斯德哥尔摩公约》谈判履约十二年（1998—2010）[M].北京：中国环境科学出版社，2010.

4.环境保护部科技标准司，中国环境科学学会.持久性有机污染物（POPs）防治知识问答[M].北京：中国环境出版社，2016.

5.罗孝俊，麦碧娴.新型持久性有机污染物的生物富集[M].北京：科学出版社，2017.

6.全燮，于洪涛.持久性有机污染物的水污染控制化学方法与原理[M].北京：科学出版社，2019.

7.郑明辉，孙阳昭，刘文彬.中国二噁英类持久性有机污染物排放清单[M].北京：中国环境科学出版社，2008.

8.刘国瑞，郑明辉.非故意产生的持久性有机污染物的生成和排放研究进展[J].中国科学：化学，2013，43（3）：265-278.

9.环境保护部宣传教育中心，环境保护部环境保护对外合作中心，中国环境管理干部学院.持久性有机污染物及其防治[M].北京：中国环境出版社，2014.

10.陈景文，王中钰，傅志强.环境计算化学与毒理学[M].北京：科学出版社，2018.

11.李国刚，邢核，胡冠九，等.空气和土壤中持久性有机污染物监测分析方法[M].北京：中国环境科学出版社，2008.

12.陈吉平，付强，张海平，等.水环境中持久性有机污染物（POPs）监测技术[M].北京：化学工业出版社，2014.

13.尹大强，刘树森，桑楠，等.持久性有机污染物的生态毒理学[M].北京：科学出版社，2018.

14.国家环境分析测试中心，中国科学院大连化学物理研究所.持久性有机污染物（POPs）区域污染现状和演变趋势[M].北京：中国环境出版社，2014.

15.刘咸德，郑晓燕，王宝盛，等.持久性有机污染物被动采样与区域大气传输[M].北京：科学出版社，2015.

16.蔡亚岐，刘稷燕，周庆祥，等.持久性有机污染物的样品前处理方法与技术[M].北京：科学出版社，2019.

17.北京市环境保护科学研究院.污染场地修复技术方案编制导则：DB11 T1280—2015[S].

18.刘维屏，赵美蓉，牛丽丽，等.手性污染物的环境化学与毒理学[M].北京：科学出版社，2018.

19.周炳升，杨丽华，刘春生，等.持久性有机污染物的内分泌干扰效应[M].北京：科学出版社，2018.

20.李英明，张蓬，王璞，等.极地与高山地区持久性有机污染物的赋存与环境行为[M].北京：科学出版社，2018.

21.陈蝶，高明，吴南翔.我国部分区域典型持久性有机污染物的污染现状[J].环境与健康杂志，2018.

22.平冈正勝,冈岛重伸.废弃物处理中二噁英类消减对策指南(译)[M].环境新闻社，1998.